COURSES GÉOLOGIQUES

LOCALITÉS
Les plus favorables pour étudier les Terrains
DU

BASSIN DE PARIS

PAR A. M. PERROT

PARIS
CHEZ A. ELOFFE, NATURALISTE-PRÉPARATEUR, EDITEUR
20, Rue de l'École-de-Médecine, 20.

1865

CARTE GÉOLOGIQUE DES ENVIRONS DE PARIS

Pl. I

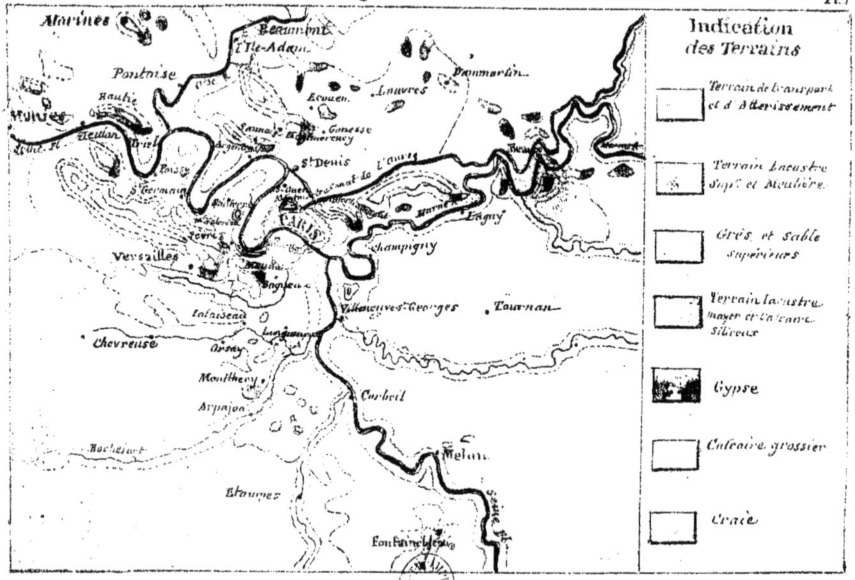

Indication des Terrains

Terrain de transport et d'Atterissement

Terrain Lacustre Supr. et Meulière

Grès et Sable supérieurs

Terrain lacustre moyen et Calcaire Siliceux

Gypse

Calcaire grossier

Craie

Marines
Beaumont
l'Ile-Adam
Pontoise
Ecouen
Louvres
Dammartin
St. Denis
Paris
Versailles
St. Germain
Poissy
Meulan
Gonesse
Montmorency
Lagny
Champigny
Villeneuve St. Georges
Tournan
Palaiseau
Chevreuse
Orsay
Montlhéry
Arpajon
Corbeil
Melun
Étampes
Fontainebleau

Carte géologique des environs de Paris

Les TERRAINS TERTIAIRES (*Thalassiques*) sont ceux qui ont été formés au-dessus de la racie et qui ont précédé l'époque actuelle.

Durant cette période les mers étaient bien moins etendues qu'aux âges géologiques plus reculés, et par conséquent les dépôts sédimenteux formés dans le sein des eaux offrent moins d'étendue et sont plus isolés.

L'emplacement où se trouve Paris était un vaste golfe, dont le fond était la craie, et où plusieurs grandes rivières paraissent avoir mêlé leurs eaux douces aux eaux salées de la mer; là sont venus s'enfouir, dans des dépôts argileux, un mélange de coquilles marines, fluviatiles et terrestres, des débris de végétaux, plus tard de nombreux mollusques, des polypes, des poissons, de grands cétacés, tandis que les terres voisines étaient habitées par divers mammifères.

La carte ci-contre indique le gisement et l'étendue des différentes formations du terrain tertiaire autour et près de Paris, ainsi que la formation crayeuse sur laquelle elles reposent.

Pl. 2

Terrains marins supérieurs

Sable micacé

Banc d'Huîtres

Marne argileuse verte

Strontiane sulfatée

Palmiers fossiles

Terrains d'eau douce Gypseux

Gypse

Silex Corné et Strontiane sulfatée

Sélénites

Calcaire lacustre Infer.r et Calcaire Siliceux

Magnésite

Calcaire Grossier

Grès marin inférieur

Calcaire Grossier

Roche

Lambourde

Glauconie grossière

Argile plastique

Argile plastique.
Lignite et Sable

Poudingue Siliceux

Terrains de transport et d'atterrissement inférieur

Craie

Craie blanche et Silex Pyromaques

Craie Tufaux et Silex Cornés.

COUPE GÉNÉRALE

Des terrains qui composent le sol des environs de Paris

TERRAINS D'EAU DOUCE SUPÉRIEURS. — *Atterrissements et transports supérieurs (Terrain alluvien)*. Tourbeux, limoneux, caillouteux. — *Terrain clysmiens*, limoneux, détritique (voir pl. 3).

TERRAINS MARINS SUPÉRIEURS. — (*Proteïque*). Grès coquiller et grès sans coquilles sable ferrugineux et micacé, marne marine (pl. 5).

TERRAINS D'EAU DOUCE GYPSEUX (*Paléotherien*). — Marne d'eau douce (pl. 6). — Marne lymnique. — Gypse (pl. 7). — Calcaire marneux lacustre inférieur (pl. 8). — Calcaire siliceux (pl. 9).

CALCAIRE GROSSIER (Terrains tritoniens) (pl. 10). — Grès marin inférieur ou tritonien. — Calcaire grossier, glauconie grossière.

ARGILE PLASTIQUE (Terrains argilo-charbonneux) (pl. 11). — Argile figuline et lignites. — Sable quartzeux. — Poudingue. — Argile plastique.

TERRAINS CRÉTACÉS (pl. 12). — Craie blanche. — Silex pyromaque. — Glauconie crayeuse.

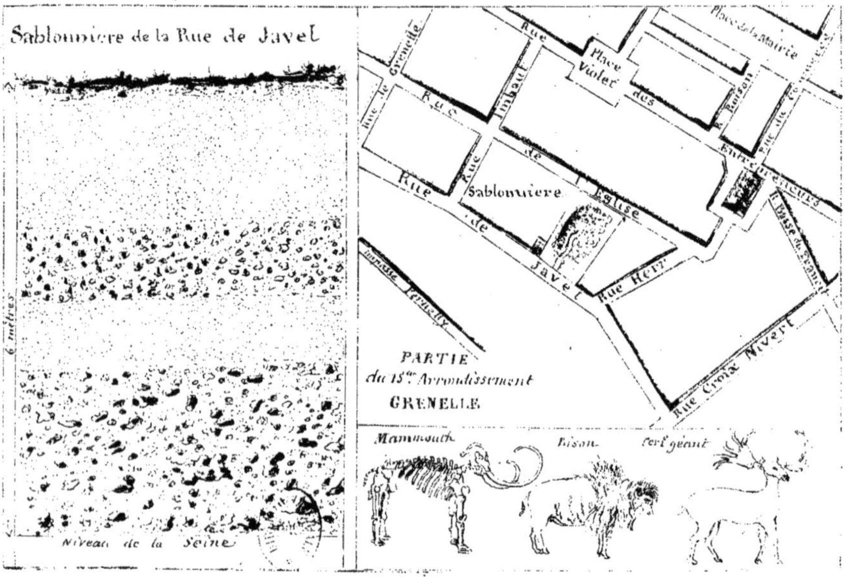

ATTERRISSEMENT et TRANSPORT SUPERIEUR. — CAILLOUX ROULÉS Pl. 3

Sablonnière de la Rue de Javel

6 mètres

Niveau de la Seine

Rue de Grenelle

Rue Violet

Place Violet

Place de la Mairie

Rue Imbault

Rue de l'Eglise

Rue des Entrepreneurs

Rue de Javel

Sablonnière

Rue Herr

Impasse Peraelly

Rue Croix Nivert

PARTIE

du 15me Arrondissement

GRENELLE

Mammouth

Bison

Cerf géant

Atterrissement et cailloux roulés

On distingue dans ces terrains les *alluvions modernes,* composées de matières terreuses légères, déposées par les eaux, et les *alluvions anciennes* offrant des matériaux qui ont pu être transportés par des courants d'eau, tels que le gros gravier, cailloux roulés, blocs de rochers, de quartz, de grès, de silex. Ces terrains se trouvent dans les vallées dont ils remplissent le fond, ou forment des plaines assez élevées au-dessu du lit actuel des rivières et plus ou moins éloignées des vallées actuelles. On peut en voir près de Poissy, dans la forêt de Saint-Germain, à Chatou, dans le parc du Vésinet, à Génevilliers, au bois de Boulogne, dans les plaines de Billancourt, de Vaugirard, de Grenelle, de Montrouge, etc. ; ils renferment des troncs d'arbres, des ossements d'éléphants, de bœufs, de cerfs, d'élans, d'antilope, des coquilles marines émoussées, et dans les couches supérieures des objets travaillés par les hommes.

Les cailloux roulés sont exploités pour divers usages, le ferrage des routes, le béton, on peut en voir un exemple dans Paris même, rue de Javel, ancien Grenelle, où la tranchée à ciel ouvert, montre sur une épaisseur de six mètres, les lits successifs de sable, gravier et cailloux plus ou moins volumineux. Cette carrière descend jusqu'au niveau des eaux de la Seine.

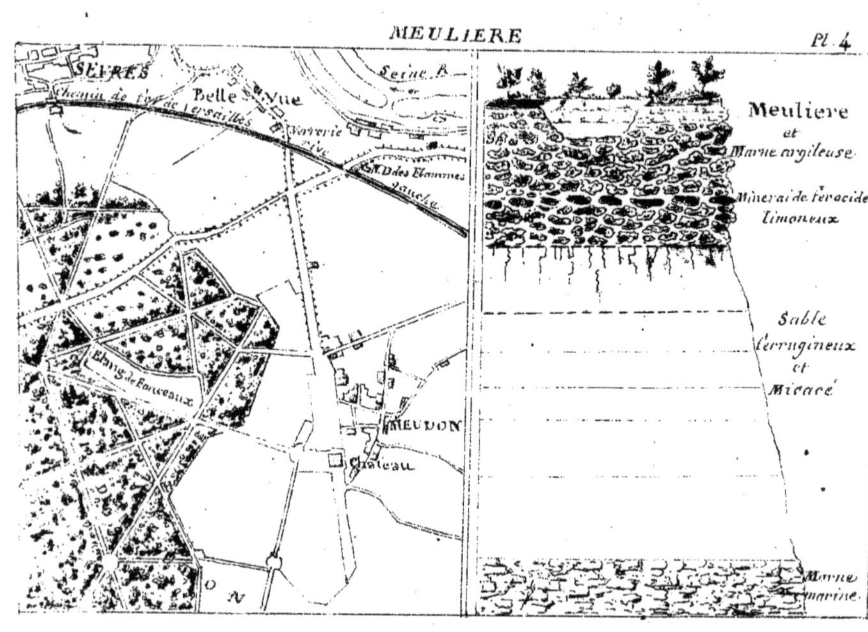
MEULIERE
Pl. 4
SEVRES
Belle Vue
Seine R.
Verrerie
MEUDON
Chateau
Meuliere
et
Marne argileuse
Minerai de fer acide
limoneux
Sable
ferrugineux
et
Micacé
Marne
marine

Meulière

La meulière est la pierre des meules à moudre le grain, ou silex carié, à structure essentiellement celluleuse, qui se présente ordinairement en blocs plus ou moins considérables, en rognons et partout en masses anguleuses, au milieu des sables argilo-ferrugineux et des marnes argileuses.

Le plateau de MEUDON offre dans presque toutes ses parties, la meulière en bancs minces et interrompus, celle qui contient des coquilles d'eau douce y est rare et seulement en bancs encore plus minces sur les points les plus élevés.

On peut étudier cette roche dans les environs de l'étang de Fonceaux, au sud de la station de Sèvres, chemin de fer de Paris à Versailles, rive gauche.

On y trouve des lits peu épais, mais quelquefois assez étendus de minerai de fer 'oxidé limoneux.

La meulière fournit d'excellents moellons et prend parfaitement le mortier à cause des nombreuses cavités qui s'y trouvent; celle de la Ferté-sous-Jouarre est célèbre par l'excellence des meules qu'elle sert à fabriquer.

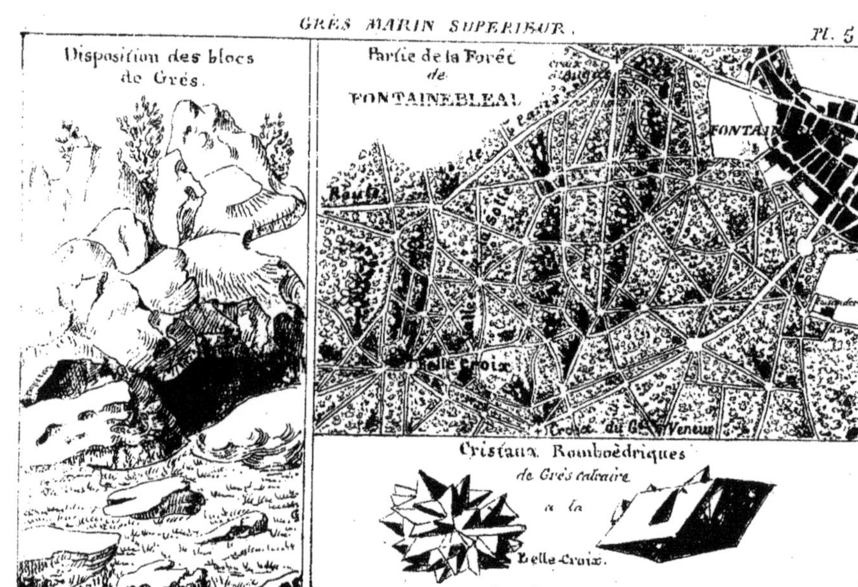
GRÈS MARIN SUPERIEUR.
Pl. 5
Disposition des blocs
de Grès.
Partie de la Forêt
de
FONTAINEBLEAU
Belle Croix
Cristaux Romboèdriques
de Grès calcaire
à la
Belle-Croix.

Grès marin supérieur

Presque toutes les collines des environs de Paris offrent à leur sommet le Grès marin, qui est une roche plus quartzeuse que calcaire, déposée sous des eaux marines, quoique le banc coquillier ne s'y trouve pas toujours.

Le dépôt le plus remarquable de Grès marin est celui de la forêt de FONTAINEBLEAU, où le grès et le sable blanc, en couches alternatives, reposent sur le terrain calcaire siliceux. Les collines de grès qui forment des vallées parallèles sont couvertes vers leur sommet et sur leurs pentes d'énormes blocs roulés les uns sur les autres, et dont les angles sont généralement arrondis. On n'y voit aucun débris de corps organisés. La force qui a sillonné ce vaste plateau, entraînant le sable, a déchaussé les bancs de grès, qui, manquant d'appui, se sont brisés en gros fragments, culbutés en tous sens, ont formé ainsi le chaos le plus pittoresque sans cependant éloigner beaucoup ces blocs de leur place primitive.

Le Grès de Fontainebleau est exploité en grand pour le pavage.

On trouve dans quelques endroits, et surtout dans les carrières de *Belle-Croix*, des cristaux de grès calcaire.

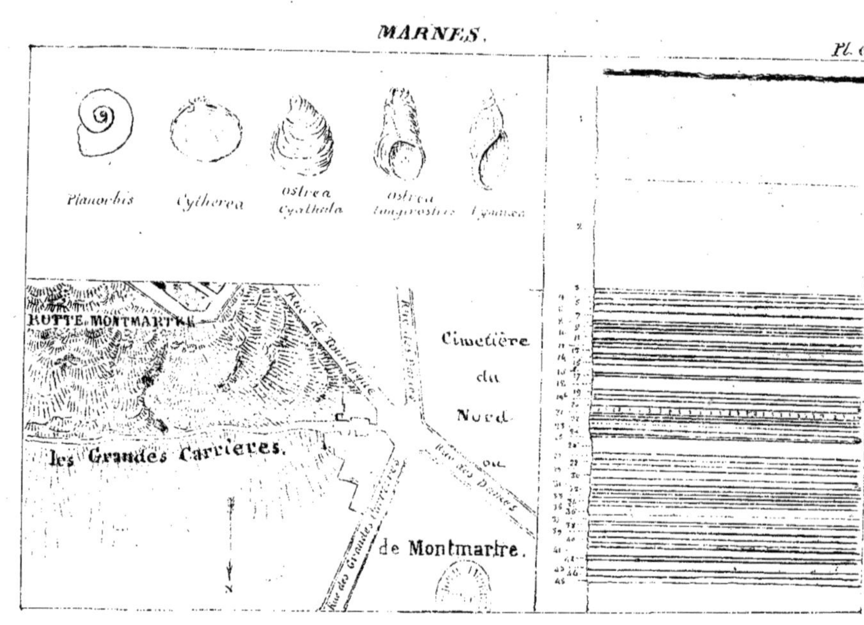
MARNES.
Pl. 6
Planorbis
Cytherea
ostrea Cyathula
ostrea longirostris
BUTTE MONTMARTRE
les Grandes Carrières.
Cimetière du Nord ou de Montmartre.
Rue de Tourlaque
Rue des Dames
Rue des Grandes Carrières

Marnes.

La partie supérieure du terrain gypseux offre un grand nombre de couches très-différentes les unes des autres et qui se montrent au sommet de toutes les collines qui s'étendent depuis Meaux jusqu'à Triel et Grisy sur une longueur d'environ 80 kilomètres. — La butte Montmartre est l'endroit le plus favorable pour étudier ce terrain, surtout aux *grandes carrières* situées à l'ouest, près du cimetière du Nord.

Le Tableau suivant, extrait de la description géologique des environs de Paris par Cuvier et Brongniart, indique l'ordre de superposition de ces couches, leur nature et leur épaisseur.

		mèt.
1	Sables et grés quarzeux, coq. marines.	30 00
2	Sable argileux jaunâtre.	
3	Marne calcaire blanchâtre, banc d'huitres	0 10
	Marne argileuse, jaunâtre, débris d'huitres	0 10
5	Marne calcaire fragmentaire. (Paludines. Potamides.)	0 20
6	Marne argileuse grise, huîtres.	0 85
7	Marne arg. blanchâtre, marbrée de jaune.	0 65
8	Marne calcaire blanchâtre, grandes huitres	0 15
9	Marne argileuse, brune, jaune, verdâtre.	0 15
10	Marne argil., sablonneuse, gris jaunâtre.	0 20
11	Marne arg. jaune, débris de coq. marines.	0 50
12	Marne argil. feuilletée, violet, noirâtre.	»
13	Marne calcaire grise.	0 30
14	Marne argil. fissile, blanc, jaune et vert.	0 70
15	Marne calcaire blanche.	0 10
16	Marne argileuse.	0 50
17	Marne calcaire verdâtre.	0 05
18	Marne arg. verte, cristaux de chaux sulf.	1 00
19	Marne argileuse jaune, sélenite.	0 37
19 *bis*	Id. moins feuilletée, coquilles.	»
19 *ter*	Id. vert jaunâtre, strontiane sulfatée.	»
20	Gypse marneux ou lits ondulés.	0 30
21	Marne blanche compacte.	0 58
22	Marne calcaire fragmentaire.	0 72
23	Marne calcaire pesante.	0 08
24	Marne argileuse friable verdâtre, poissons.	0 35
25	Marne calcaire sablonneuse, blanchâtre.	0 08
26	Marne calcaire à fissures jaunes.	1 13
27	Marne argileuse verdâtre.	0 80
28	Marne calcaire tendre, blanche.	0 18
29	Argile figuline, brun verdâtre.	0 27
30	Marne calcaire blanchâtre.	0 77
31	Marne argileuse compacte, grise	0 62
32	Marne argileuse brun verdâtre.	0 62
33	Marne calcaire blanchâtre.	1 33
34	Marne calcaire jaunâtre.	0 70
35	Gypse marneux, 1er banc.	0 10
36	Marne calcaire, jaunâtre, rubanée.	0 85
37	Marne calcaire blanchâtre fissile.	0 10
38	Gypse marneux, 2e banc.	0 16
39	Marne calcaire blanchâtre, fragmentaire. troncs d'arbres pétrifiés en silex)	0 25
40	Gypse marneux, 3e banc.	0 10
41	Marne argileuse friable, jaunâtre.	0 33
42	Gypse marneux, 4e banc.	0 16
43	Marne calcaire blanchâtre.	1 10
44	Gypse marneux, 5e banc.	0 83
45	Marne calcaire tendre.	0 80
46	Gypse exploité (Voir la Pl. 7).	

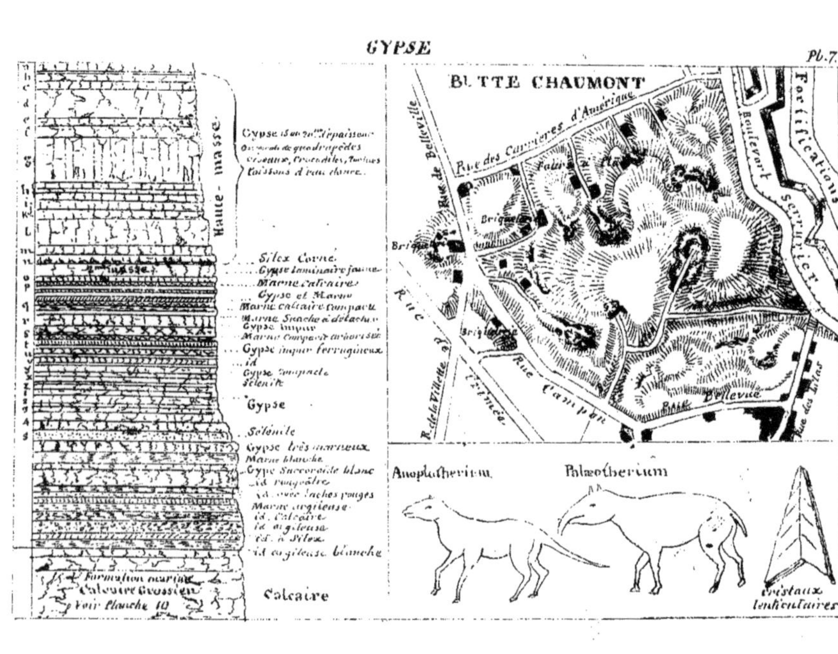
GYPSE
Pl. 7
Haute-masse
Silex Corné
Marne calcaire
Gypse et Marne
Gypse impur ferrugineux
id
Sélénite
Gypse
Sélénite
Gypse très marneux
Marne blanche
Gypse Saccaroïde blanc
Marne argileuse
id. Calcaire
id. à Silex
id argileuse blanche
Formation marine
Calcaire Grossier
Voir Planche 10
Calcaire
BUTTE CHAUMONT
Rue des Carrières d'Amérique
Rue de Belleville
Boulevart Serrurier
Fortifications
Rue Campan
Bellevue
Rue des Lilas
Anoplotherium
Palæotherium
Cristaux lenticulaires

Gypse

Le *gypse*, pierre à plâtre, se présente en collines isolées, tantôt coniques, tantôt allongées, toujours bien limitées. Il est surmonté par un puissant dépôt de marnes (voir la pl. 6).

C'est la première masse de gypse qui renferme les ossements d'un grand nombre de quadrupèdes inconnus, d'oiseaux, de crocodiles, de tortues, de poissons.

Cristaux de gypse lenticulaires en fer de lance.

Les gisements les plus remarquables de gypse aux environs de Paris sont : Montmartre, Buttes-Chaumont, Charonne, Bicêtre, Nogent, Bagneux, Argenteuil, Montmorency, Herblay, Triel, la butte de Sannois, Pantin, Romainville, etc.

L'exploitation la plus importante et la plus curieuse était celle de la Butte-Montmartre, mais elle a été abandonnée par suite des travaux d'embellissement faits dans cette localité et on n'y trouve plus que quelques carrières sur le versant nord.

La partie de la Butte-Chaumont dite *Carrières d'Amérique*, offre encore de grandes exploitations où le gypse peut être bien vu et bien étudié, ainsi que les marnes qui lui sont supérieures.

CALCAIRE LACUSTRE INFERIEUR. Pl. 8.

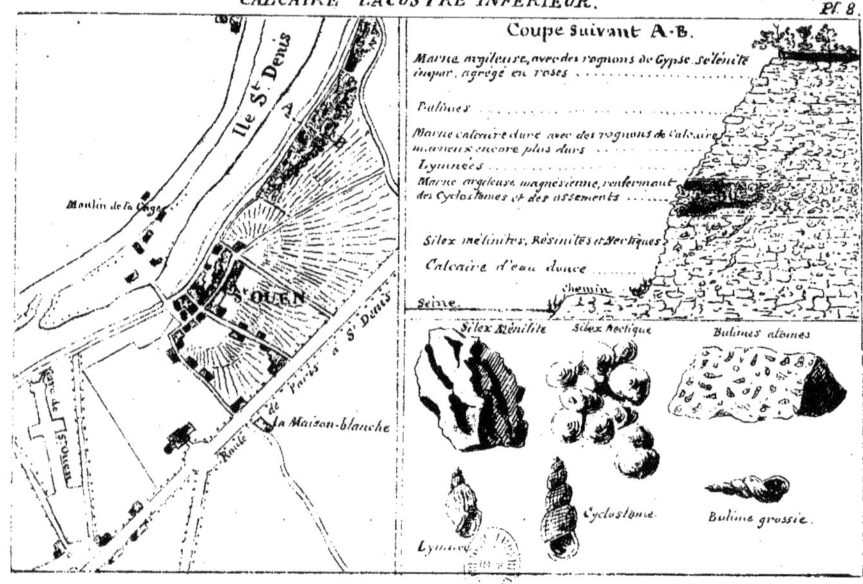

Calcaire Lacustre inférieur

Une grande plaine de terrain d'eau douce s'étend au nord de Paris depuis l'enceinte de cette ville jusqu'auprès de Luzarches, et depuis Claye à l'est jusqu'à Herblay à l'ouest. La partie de ce terrain qui avoisine le plus Paris est la plaine Saint-Denis, on peut en étudier la composition sur le chemin de halage de la rive gauche de la Seine entre le village de SAINT-OUEN et la ville de Saint-Denis. La berge assez élevée présente, vers son sommet, des lits peu épais de marne argileuse, calcaire, sableuse et gypseuse, renfermant des rognons calcaréo-gypseux assez compactes, et composés de lames quelquefois concentriques et de cristaux lenticulaires informes réunis en rose ; au-dessous, sont des lits alternatifs de calcaire d'eau douce compacte, de marnes blanches friables, renfermant des coquilles d'eau douce, *bulimes*, *cyclostomes*, *lymnées*, des *silex ménilites*. des *silex nectiques*. Ces lits alternent et les mêmes se reproduisent plusieurs fois. On a trouvé dans les marnes blanches des os fossiles avec des coquilles lacustres.

Le *silex ménilite* est opaque, gris, d'un brun marron ou bleuâtre panaché, en masses tuberculeuses, à cassure conchoïdes, subluisantes à bords tranchants.

Le *silex nectique* est en masses nodulaires, blanches, grises ou isabelle, à texture lâche et terreuse très-légère. Le centre des nodules est souvent occupé par un noyau de silex pyromaque.

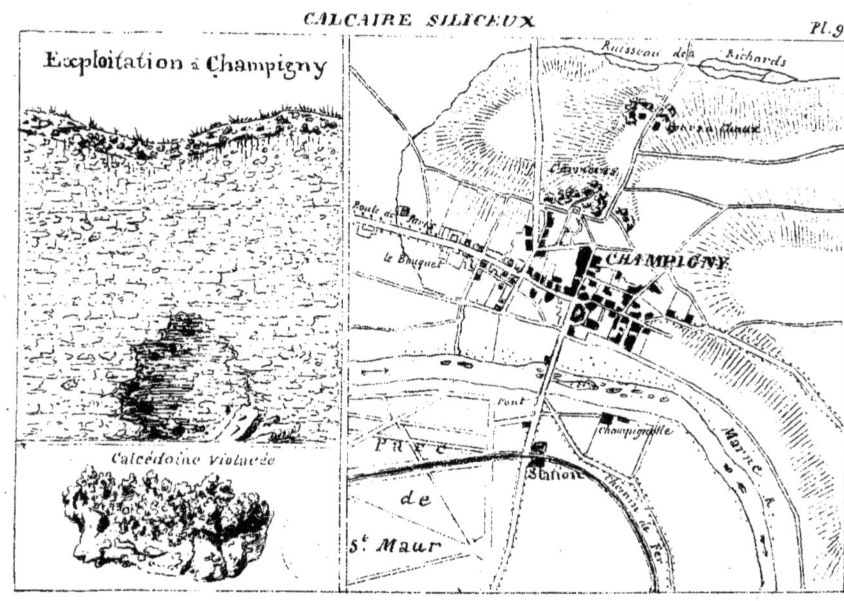
CALCAIRE SILICEUX
Pl. 9
Exploitation à Champigny
Calcédoine Violacée
Ruisseau de Richards
Carrières
Route de Paris
le Bouquet
CHAMPIGNY
Pont
Champignolle
Station
Chemin de Fer
Marne R.
Parc
de
S^t. Maur

Calcaire siliceux

Le CALCAIRE SILICEUX n'est pour ainsi dire qu'une circonstance minéralogique du terrain d'eau douce, ou assises inférieures siliceuses du terrain gypseux. Tantôt tendre et blanc, tantôt gris et compacte, souvent caverneux; il offre des masses réunies par des infiltrations de calcaire spathique, de quartz cristallisé, de calcédoine, de cacholong et de silex mamelonné, et coloré en rouge, en violet et en brun ; il ne contient pas de débris de coquilles, mais le sommet de la colline, composé de silex et de meulière, renferme des coquilles d'eau douce.

« Le calcaire siliceux ne paraît pas remplacer entièrement le calcaire grossier ; mais, quand il se présente en dépôt très-épais, il semble n'acquérir de puissance qu'aux dépens du calcaire grossier qui devient très-mince et disparaît presque entièrement. »

La colline, qui domine au nord le village de *Champigny*, est le point où le calcaire siliceux peut être le plus facilement étudié; il est exploité à ciel ouvert et donne par la cuisson une chaux hydraulique de très-bonne qualité.

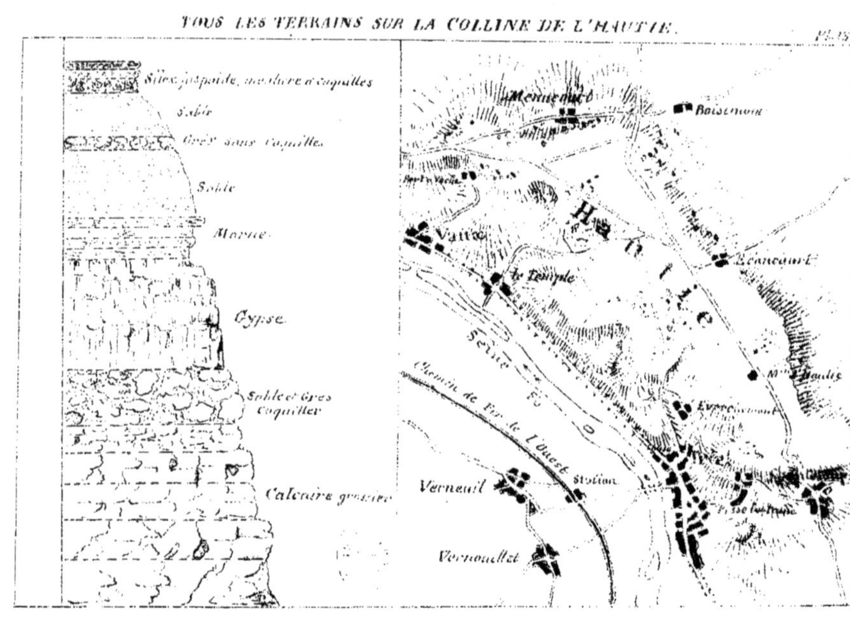
TOUS LES TERRAINS SUR LA COLLINE DE L'HAUTIE.
Grès sans coquille.
Sable
Marne
Gypse
Sable et Grès coquiller
Calcaire grossier
Menucourt
Boisemont
Vaux
le Temple
Seine
Chemin de Fer de l'Ouest
Station
Verneuil
Vernouillet

Colline de l'Hautie

La colline de l'Hautie, qui s'étend sur la rive droite de la Seine, depuis Triel jusqu'à Vaux et Meulan offre, pour ainsi dire, un résumé des coupes précédentes et la superposition visible de presque tous les terrains, ceux d'eau douce, marin supérieur, gypse et calcaire grossier.

Au sommet le terrain d'eau douce, la meulière sans coquille, au-dessous :

Sable micacé, grès sans coquille qui n'appartient pas à la formation calcaire (1).

Marnes marines d'eau douce, visibles à Pisse-Fontaine.

Gypse, en une seule masse, renfermant des fossiles de mammifères et exploité à Pisse-Fontaine.

Bancs de sable siliceux, pur ou mêlé de calcaire, quelquefois friable, mais plus souvent agglutiné en grès coquillier, tantôt tendre, blanc et opaque ; tantôt dur, luisant, gris et translucide, appartenant à la formation calcaire. Le plus dur est exploité pour le pavage des routes.

Calcaire grossier en masse puissante, exploité au-dessous de l'église de Triel.

---

(1) Il y a aux environs de Paris trois sortes de Grès, qui diffèrent par leur position.

Le plus inférieur fait partie de la couche inférieure de la formation du Calcaire grossier,

Le second, comme à Triel, appartient aux assises supérieures du Calcaire grossier.

Le troisième surmonte la formation Gypseuse et même la formation des marnes marines qui la recouvre, il est quelquefois entièrement superficiel et ne paraît contenir aucune coquille.

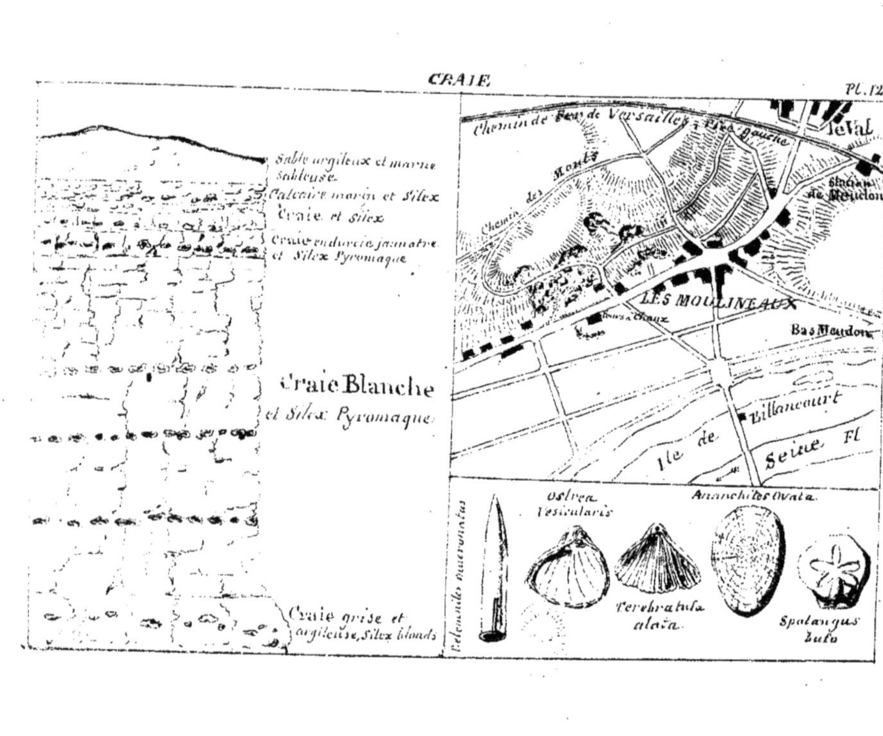
CRAIE
Pl. 12
Sable argileux et marne sableuse
Calcaire marin et Silex
Craie et Silex
Craie endurcie jaunatre et Silex Pyromaque
Craie Blanche et Silex Pyromaque
Craie grise et argileuse, Silex blonds
Chemin de Fer de Versailles, Rive Gauche
le Val
Chemin des Monts
Station de Meudon
LES MOULINEAUX
Fours à Chaux
Bas Meudon
Billancourt
Ile de
Seine Fl
Belemnites mucronatus
Ostrea Vesicularis
Ananchites Ovata
Terebratula alata
Spatangus bufo

Craie

La craie blanche est la formation la plus ancienne du terrain de Paris et constitue le fond de son bassin, elle se montre, surtout sur ses limites, en collines et plateaux dont l'élévation dépasse quelquefois cent mètres.

On y remarque des lits alternatifs et horizontaux de silex pyromaque noir (pierre à fusil) et de cristaux de strontiane sulfatée. Elle renferme de nombreux débris organiques dont les plus saillants sont les bélemnites, les oursins, les térébratules.

La craie est visible à Mantes, à Triel, à Bougival, à Meudon, à Sèvres.

Aux Moulineaux, sur le bord de la route de Paris à Versailles, la craie et le silex pyromaque sont exploités à ciel ouvert et en cavage, ce qui permet d'en étudier toute la formation. Plus loin, au Bas-Meudon et derrière la verrerie de Sèvres, on peut voir des carrières offrant les mêmes dispositions.

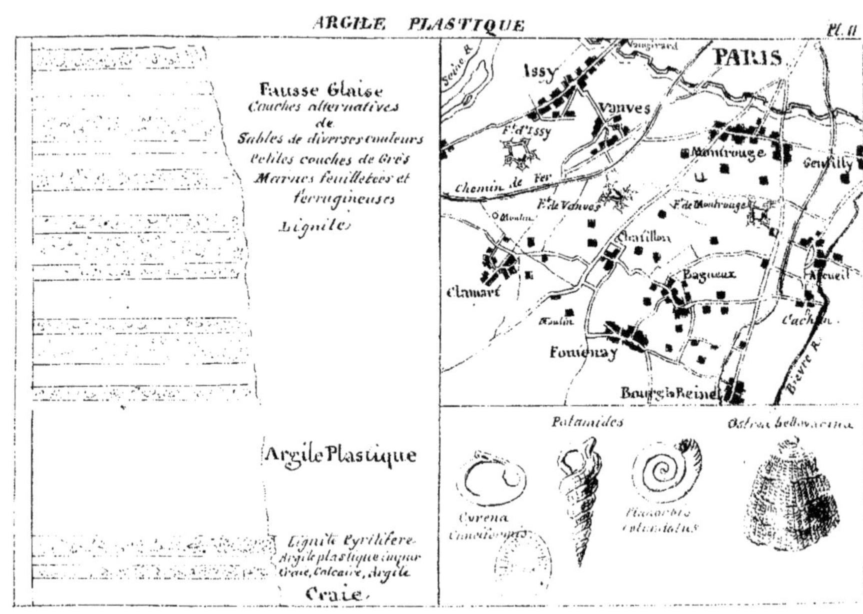
ARGILE PLASTIQUE
Pl. II
Fausse Glaise
Couches alternatives
de
Sables de diverses couleurs
Petites couches de Grès
Marnes feuilletées et
ferrugineuses
Lignite
Argile Plastique
Lignite Pyritifère
Argile plastique impur
Craie, Calcaire, Argile
Craie
PARIS
Issy
Vanves
Seine R.
Chemin de Fer
Montrouge
Gentilly
Chatillon
Clamart
Bagneux
Arcueil
Cachan
Fontenay
Bourg la Reine
Bièvre R.
Moulin
Potamides
Ostrea bellovacina
Cyrena

Argile plastique

Cette argile prend et conserve les formes qu'on lui imprime : elle est onctueuse, tenace et très-variable de couleur ; celle qui se trouve près de Paris est gris-ardoisé pur, gris-ardoisé mêlé de rouge et même rouge presque pur. Elle varie aussi beaucoup d'épaisseur ; dans quelques parties, elle a jusqu'à 16 mètres et plus ; dans d'autres elle ne forme qu'un lit mince d'un ou deux décimètres. Le banc supérieur, *fausse-glaise*, est sablonneux, noirâtre et renferme des débris de corps organisés, coquilles marines et d'eau douce, succin ou ambre jaune, lignites ; mais on n'en trouve pas dans le dépôt inférieur ou argile plastique proprement dite.

Les lieux où cette formation est exploitée sont Marly, Bougival, Auteuil, Meudon, Issy, Vaugirard, Montrouge, Gentilly, Arcueil et Bagneux.

Toute la plaine au sud de Paris, entre le chemin de fer de Versailles et celui de Sceaux, est couverte de carrières où l'on exploite l'argile plastique, soit au fond des puits d'ou l'on tire la pierre, soit à ciel ouvert.

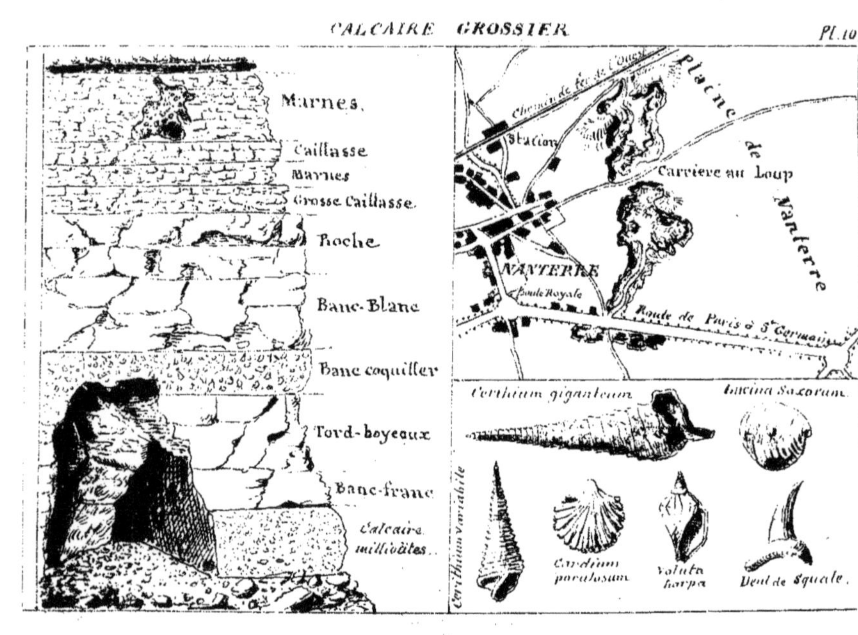
CALCAIRE GROSSIER
Pl. 10
Marnes.
Caillasse
Marnes
Grosse Caillasse.
Roche
Banc-Blanc
Banc coquiller
Tord-boyeaux
Banc-franc
Calcaire milliolites.
Chemin de fer de l'Ouest
Plaine de Nanterre
Station
Carrière au Loup
NANTERRE
Route Royale
Route de Paris à St Germain
Cerithium giganteum
Lucina Saxorum
Cerithium variabile
Cardium porulosum
Voluta harpa
Dent de squale.

Calcaire grossier

Le *calcaire grossier ou marin* occupe un grand espace dans le bassin de Paris, entre l'Epte et la Marne, sur la rive droite de la Seine; sur la rive gauche, il forme une zone continue depuis Melun jusqu'à Choisy. Il est composé de diverses assises alternant avec des marnes et caractérisées par une quantité prodigieuse de coquilles marines, parmi lesquelles dominent les *cérites*, on y trouve encore des débris de reptiles, de crustacés, de poissons.

Le calcaire grossier est surtout exploité à Nanterre, Passy, Vaugirard, Sèvres, Issy, Meudon, Clamart, Gentilly, Montrouge, Bagneux.

L'assise supérieure ou *roche*, fournit les meilleures pierres de taille.

L'assise moyenne est solide et propre aux constructions.

Celle inférieure est souvent sablonneuse.

Les belles carrières situées près de Nanterre, entre le chemin de fer de l'Ouest et la route de Paris à Saint-Germain, est un des lieux où le calcaire grossier se montre le plus avantageusement pour l'étude.

PRINCIPAUX INSTRUMENTS DU GÉOLOGUE. Pl. 14

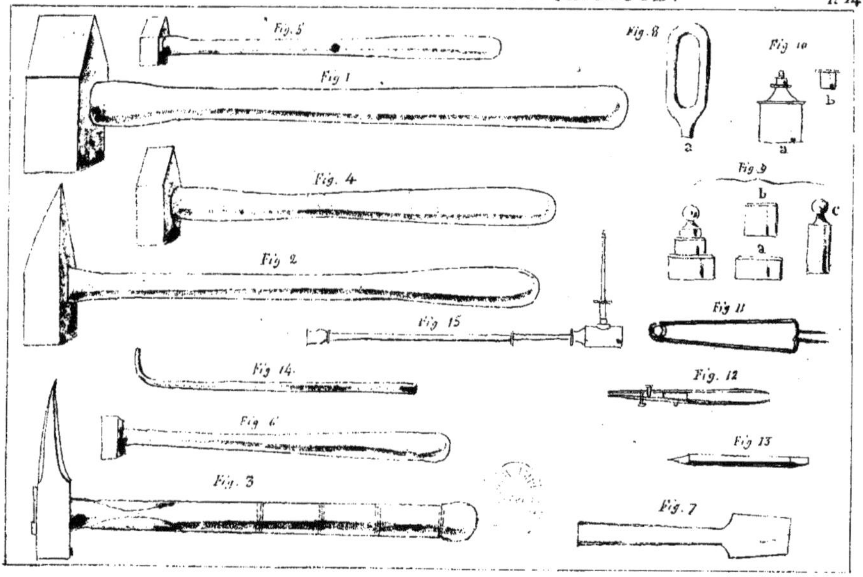

Fig. 5 Fig. 8 Fig. 10 a b

Fig. 1 a a

Fig. 4 Fig. 9 b c a

Fig. 2

Fig. 15 Fig. 11

Fig. 14 Fig. 12

Fig. 6 Fig. 13

Fig. 3 Fig. 7

PRINCIPAUX INSTRUMENTS DU GÉOLOGUE (1)

Marteau à Tranche (*fig.* 1), pour attaquer en pleine masse : cet outil est bon pour toutes les pierres dures; on peut s'en servir comme de coin en employant la tête d'un second marteau de force proportionnelle à la résistance des roches dont on veut prendre des échantillons.

Marteau à Pointe (*fig.* 2). Ce marteau sert à détacher les matériaux déjà ébranlés par l'action du premier.

Marteau à Clavette, modèle A. Eloffe (*fig.* 3). Ce marteau, qui est à pointe longue et acérée, est utile à cause de la résistance que présentent les roches dures et qui ébranlent trop souvent les marteaux ordinaires et les font démancher au grand désagrément du voyageur qui se voit tout à coup privé de son instrument. Outre que ce système rend le démanchage beaucoup plus rare, il a en même temps l'avantage de rendre le choc plus net et plus assuré. La longue pointe de ce marteau le rend commode pour fouiller dans les terrains gypseux, calcaires, schisteux et autres analogues, pour détacher les fossiles ou les cristaux qui peuvent s'y rencontrer : il remplit là, l'office d'une pioche portative. La trempe de l'acier est calculée de manière à éviter également la casse de l'outil ou son émoussement.

(1) Les figures de cette planche représentent les objets au cinquième de leur dimension.

Marteau à tranche (*fig.* 4), pour tailler. Lorsqu'un fragment est détaché de la masse, il devient nécessaire de tailler l'échantillon, tantôt avec la tête ou masse, tantôt avec la tranche, selon la structure de la substance ; on a soin de placer l'échantillon dans la main gauche, protégée par un chiffon plus ou moins épais pour la garantir des contre-coups, ou des éclats qui pourraient blesser; on frappe alors de la main droite sur les parties que l'on veut enlever, en ayant soin d'éviter de laisser sur l'échantillon la trace des coups de marteau.

Marteau à tranche (*fig.* 5), pour parer. Quand on a réduit un échantillon à la dimension que l'on désire, on a souvent besoin de donner une forme convenable, ce qu'il faut avoir soin de faire sur place, afin de ne pas risquer de perdre un échantillon par un coup de marteau malheureux, qui peut le détruire alors qu'on est plus sur le terrain pour le remplacer ; on évite aussi de se charger du poids inutile de celles des parties que l'on juge à propos d'enlever.

Petite masse (*fig.* 6), pour échantillonner. On comprend que, selon la nature des substances, on doit employer des outils de formes et de dimensions diverses ; certaines matières sont fragiles, ou facilement clivables, certains cristaux sont peu adhérents à leur gangue : il faut, dans ces cas-là, frapper avec beaucoup de précaution sous peine de détruire sans retour des minéraux précieux.

Ciseau à froid (*fig.* 7), pour les roches fissiles (schisteuses ou feuilletées); pour les minéraux clivables on emploie simultanément le ciseau et le marteau.

Briquet de Géologue (*fig.* 8). Parmi les essais les plus simples, il faut ranger la dureté ou la résistance au choc de l'acier, on s'assure ainsi de la différence qui existe entre les pierres siliceuses et les pierres salines (calcaires ou sulfates), entre les pyrites de fer et celles de cuivre : les premières donnent des étincelles au choc du briquet, les secondes n'en donnent point.

Ce briquet porte avec lui une sorte de burin *a* qui sert à essayer un autre caractère de la dureté des minéraux, celui de la résistance ou de l'obéissance à l'action de la rayure par la pointe d'acier. Les gypses, les calcaires, les fluorines, et en général les pierres salines qui ne font pas feu au briquet se laissent facilement rayer, les feldspaths, et la plupart des silicates sont difficilement rayés (le talc et les serpentines exceptés). Quant aux matières quartzeuses, les pierres gemmes, le corindon et le diamant, ces matières résistent à l'action de la pointe d'acier.

Mortier Labiche, en acier (*fig.* 9). A, tas en acier. B, cylindre creux mobile. C, Pilon.

Si l'on veut essayer les matières minérales soit par la voie sèche (chalumeau), soit par la voie humide (les réactifs), il faut le plus souvent pulvériser les substances, et il suffit ordinairement d'une très-petite quantité; il est donc nécessaire de prendre des précautions contre la dispersion des parcelles soumises à la pulvérisation ; le cylindre mobile sert donc à contenir la matière pulvérisée quelque faible que soit la quantité sur laquelle on veut opérer.

Lampe à Alcool (*fig.* 10), pouvant servir à l'huile: *a*, corps de la lampe; *b*, son bouchon ou éteignoir. L'usage de cette lampe est trop connue pour que nous nous étendions sur son objet, elle sert aux essais au chalumeau.

Pince à branche de platine (*fig.* 11).

Pince à lame plate de platine à deux bouts (*fig.* 12). Ces deux instruments servent à prendre et à retenir les matières que l'on soumet à l'action du chalumeau, les branches en platine permettent d'exposer ces substances à une chaleur très-intense en raison du peu de fusibilité de ce métal.

Pointe-lime-cizelet (*fig.* 13). Cet instrument peut servir à quatre usages différents : 1° pointe pour l'essai de la rayure; 2° lime pour le façonnement des échantillons délicats, tels que fossiles, etc. ;

3° cizelet pour dégager les cristaux et les fossiles; 4° enfin, il peut servir de barreau aimanté pour l'essai du magnétisme des minéraux.

Chalumeau en fer (*fig.* 14), le plus simple des chalumeaux, tube recourbé, servant aux essais les plus élémentaires de la voie sèche.

Le chalumeau en cuivre (*fig.* 15), avec bout en platine, cet instrument se démonte en cinq pièces afin d'être aisément resserré, soit dans un étui, soit dans une trousse ou un nécessaire de minéralogiste.

Boussole. La boussole à cadran avec aiguille suspendue est en général de la forme et de la dimension d'une montre ; l'extrême sensibilité de l'aiguille permet d'apprécier les divers dégrés d'intensité de la propriété magnétique des minéraux ; on sait que le magnétisme simple n'attire qu'un des côtés de l'aiguille, tandis que le magnétisme polaire se manifeste par des attractions ou des répulsions alternatives selon le côté de l'échantillon que l'on présente à la boussole.

Goniomètre. Cet instrument sert, comme l'indique son nom, à mesurer les angles; il y en a de plusieurs sortes, le plus simple est celui d'Haüy : il se compose de deux branches plates qu'on nomme alidades, tournant l'une sur l'autre par une coulisse ou rainure, et fixées par une vis de pression, de manière à s'adapter sur les angles des cristaux pour en prendre en quelque sorte le moule; on place ensuite les alidades sur le rapporteur ou demi-cercle gradué, et on lit le nombre de degrés sur la circonférence du rapporteur.

On sait que les angles sont constants dans les cristaux de même substance et de même forme; l'appréciation de ces angles peut, dans certains cas, tenir lieu d'analyses et constituer ainsi un caractère spécifique.

Il existe un goniomètre dit de Wollaston, du nom de son inventeur; cet instrument, fondé sur les lois de la reflexion des rayons de la lumière, est très-précis, mais très-compliqué et dispendieux : nous en parlons ici pour mémoire.

Pince à tourmaline, petit instrument pour expérimenter la polarisation de la lumière dans les substances minérales transparentes.

Bissac en filet : il est utile de se munir de cet objet, qui est au géologue ce que la carnassière est au chasseur. Ce filet, façonné en forme de double bourse, a l'avantage d'être très-léger et peu embarrassant au départ, quand il est vide; et, lorsqu'il est rempli, sa forme permet de le porter de façon à répartir son poids sur deux points.

Flacon à l'acide : l'essai par la voie humide se faisant par les acides, et surtout par l'acide azotique (vulgairement eau forte), on emploie un flacon à large base afin d'éviter l'épanchement du contenu, le bouchon en verre, rodé à l'émeri, se prolonge en pointe jusque dans l'acide ; il suffit souvent de la petite parcelle d'acide qui s'attache au bouchon pour déterminer la présence ou l'absence de l'effervescence des matières qu'on veut éprouver par cette voie.

Dans le cas où une goutte d'acide serait insuffisante, on peut en verser dans un verre de montre; on y projette une pincée de la substance à essayer que l'on a préalablement pulvérisée.

Nécessaire de voyage. Petite boîte portative, contenant la plupart des objets qui viennent d'être désignés, et, de plus, quelques flacons de réactifs, quelques sels, des plaques de verre, des tests de porcelaine (dite biscuit), pour l'essai des traces colorées que laissent certains minerais tels que le fer oligiste, le limonite, les manganèses. Ce petit meuble est utile pour les longues excursions.

EXTRAIT DU CATALOGUE

DE LA

MAISON A. ELOFFE

NATURALISTE-PRÉPARATEUR

MEMBRE HONORAIRE ET CORRESPONDANT DE PLUSIEURS SOCIÉTÉS SAVANTES

Fournisseur des Musées, Collèges, Lycées, Séminaires, Institutions religieuses, Écoles pratiques et professionnelles et de plusieurs Académies et Universités, en France et à l'Étranger.

Beau-frère et ex-associé de feu NÉRÉE-BOUBÉE

20, Rue de l'École-de-Médecine, 20, à Paris

(ENTRE LA RUE DUPUYTREN ET CELLE ANTOINE-DUBOIS).

On est prié de ne pas confondre.—Bien indiquer le numéro

Quatorze médailles de 1re classe, Or, Argent et Bronze aux Expositions de Paris, Dijon, etc.

COMMISSIONS, ACHATS, ÉCHANGES ET RÉPARATIONS

ON PREND EN DÉPOT

ET ON SE CHARGE DE LA VENTE DE TOUTES COLLECTIONS ET OBJETS D'HISTOIRE NATURELLE

La Maison A. ELOFFE, fournit des Collections élémentaires de toute espèce pour seconder l'enseignement, l'étude et le progrès des sciences naturelles, d'après le nouveau programme des cours de l'Université. Ces Collections sont classées et déterminées avec le plus grand soin par des professeurs de chaque spécialité et vendues à des prix très-réduits.

Toutes les collections qui sortent de la maison A. ELOFFE sont accompagnées d'un catalogue, où chaque échantillon est nominativement désigné, avec un numéro d'ordre correspondant à celui collé sur l'échantillon.

NOTA. — Le succès qu'a obtenu notre Maison, nous a imposé le devoir de montrer que nous sommes dignes de la confiance et de la sollicitude dont on a bien voulu nous honorer, à cet effet, nous nous sommes assurés du concours de professeurs et de savants spéciaux.

Nous avons augmenté nos Collections Géologiques, Minéralogiques, Technologiques, Entomologiques, etc., etc.; créé une série de reproductions d'Animaux antédiluviens, que l'on voit aujourd'hui figurer dans presque tous les grands Musées, Lycées, etc. Enfin, nous avons réuni dans notre maison, tous les instruments qui servent aux préparations taxidermiques, entomologiques, géologiques, etc., etc.; en un mot, nous n'avons rien négligé pour justifier ce vieil adage : — *Succès oblige.*

MINÉRALOGIE

Collection de	100	minéraux,	4 cent.	20	à 25	fr.
—	100	—	6 —	30	35	
—	100	—	8 —	40	45	
—	200	—	4 —	50	60	
—	200	—	6 —	80	90	
—	200	—	8 —	90	100	

Collections de Minéralogie à l'usage des colléges, des établissements d'instruction publique, des séminaires, etc., etc.; classées d'après Haüy, Dufrénoy, Beudant, Brard, Delafosse, ou tout autre auteur que l'on nous désignerait.

ÉCHELLE DE DURETÉ, composée de dix minéraux, y compris un *diamant* monté sur tige d'acier. . . . . 10 »
La même sans diamant. . . . . 7 »
Boîte de fragments de minéraux pour l'étude et les essais au chalumeau, et exercer les élèves à reconnaître les substances à. . . . . 2, 3 et 4 »

Plus de 20,000 échant. de Minéraux à 15, 20 et 25 centimes.

COLLECTIONS DE VOYAGE.

Ces collections sont formées en vue de faciliter les recherches minéralogiques des personnes qui voyagent, au loin, comme les officiers de terre et de mer, les ingénieurs en missions scientifiques, les voyageurs amateurs, etc.

Sous un volume restreint et un poids réduit (environ 4 kil. par 100 échantillons, boîte comprise) ces collections sont faciles à transporter, et offrent l'avantage de mettre sous la main les termes de comparaison qui servent à reconnaître les conditions géologiques et minéralogiques du sol que l'on explore.

200 échantillons avec un manuel de minéralogie, boîte comprise. . . . . 100 fr.

400 échantillons. . . . . 190 à 220 selon la boîte et les accessoires.

600 échantillons. . . . . 320 à 350

800 échantillons, avec nécessaire de minéralogie, marteau de géologues, cartes, volumes, etc. (le tout dans une caisse). . . . . . 520 à 580

CRISTALLOGRAPHIE

Collect. de 20 cristaux naturels isolés, 15, 20, 25 fr. selon la beauté des cristaux.

Collection de 50 cristaux. id. 40, 50, 60 fr.

Collection de 100 cristaux. id. 100 et 150 fr.

Un grand nombre de cristaux isolés depuis 25 c. et au-dessus.

MODÈLES DE CRISTAUX

Collection cristallographique de pierres précieuses (imitation avec leurs couleurs naturelles), d'une exécution parfaite, comprenant 18 éch. renfermés dans un écrin et qui sont : le Diamant, le Rubis, le Saphir, le Saphir d'eau, l'Emeraude, l'Aiguemarine, le Rubis balais (spinelle), l'Euclase, la Chrysolite, la Topaze, le Zircon, la Hyacinthe, la Tourmaline, le Grenat, le Pyrope, la Chrysophrase, le Cristal de roche et l'Améthyste, collection d'un haut intérêt. . . . 80 et 100 »

Collection des 26 formes primitives en bois, d'une exécution parfaite, contenus dans une boîte à dessus de verre, avec catalogue. . . . . 7 »

— Le même, en gros cristaux. . . 20 et 25 »

Collection de 80 formes cristallines, grand format, dont *cinq* en plusieurs pièces, pour montrer la molécule intégrante, les hémitropies, etc., classées et déterminées par M. Delafosse. . . . 80, 90, et 100 »

Collection de 100 formes cristallines en bois, de 4 à 5 c., avec catalogue. 100 et 120 »

(Ces diverses formes sont faites avec un tel soin qu'elles peuvent être mesurés au goniomètre.

NOTA. — On se charge (sur commande) de fournir toute espèce de collections de formes cristallines en bois, simples ou composées, ainsi que les dessins pour la Minéralogie (Cristallographie) et pour la Géologie.

GÉOLOGIE

Collection de 50 roches (4 c.) . . . . . . 15 »
— de 100 — — . . . . . . 25 »
— de 200 — — . . . . . . 55 »

Collection de 100 roches (6 c.) . . . . . . 30 »
— de 200 — — . . . . . . 60 »

Collection de 100 roches (8 c.) . . . . . . 45 »
— de 200 — — . . . . . . 90 »

Collection de 100 roches du bassin tertiaire parisien, petit format . . . . 20 »

Collection de 200 — avec fossiles caract. 40 »
— de 200 — format moyen, 60 ct 80 »

Collection de 300 roches grand format, 90 et 100

Collection, par cubes taillés, de divers calcaires tertiaires, jurassiques, crétacés ou primaires, employés à Paris pour constructions publiques ou privées, avec indication de résistance à l'écrasement, du prix de revient pris sur carrière, de la provenance géologique et topographique, etc.

Collection des roches des Pyrénées, des Alpes, des Vosges, de Bretagne, des Ardennes, d'Allemagne, d'Angleterre, etc.

Coupes naturelles faites sur place, représentant les terrains de Paris, contenues dans quatre cadres à dessus de verre, avec légendes. 100 »

(Ces 3 dernières collections ne se font que sur commande.)

COLLECTIONS DE VINGT ÉLÉMENTS MINÉRALOGIQUES DES ROCHES.

Cette petite collection, utile au géologue, est divisée en trois séries correspondant aux principales formations du globe. 5, 7 ou 10 fr., selon le choix.

COLLECTIONS INDUSTRIELLES TECHNOLOGIQUES.

Ces collections réunissent les échantillons les plus variés des roches et des minéraux qui sont employés dans les arts et l'industrie, métallurgie, bijouterie, la construction, la fabrication des couleurs, la peinture, le dessin, etc., etc., avec indication des usages et des provenances.

100 échantillons, (4 c.) . . . . . 30 »
100 — (6 c.) . . . . . 40 »
100 — (8 c.) . . . . . 50 »

INSTRUMENTS A L'USAGE DU GÉOLOGUE ET DU MINÉRALOGISTE

Nécessaire de minéralogie à . . 40, 45 et 50 fr. le nécessaire de 40 f. contient 40 pièces.

Chalumeau en fer . . . . 1 »
Id. en cuivre, se démontant en 5 pièces. 3 »
Id. id. avec bout en platine. . . 5 »
Marteaux de géologue, à pointe, à tranche et à clavettes, à . . . . 2, 3, 4 fr. et au-dessus.
Petit marteau en acier poli. . . . . . . 2 »
Tas en acier pour pulvériser. . . . . . . 3 »
Tas en acier avec cylindre (mortier labiche). . . . . 12 »
Capsule de platine, à 1 fr. 25 le gr. (façon en plus).
Nacelle de platine, id. id.
Creuset ou spatule de platine, id.
Pince à bouts de platine, 3 et. . . . . . . 6 »
Fil ou lame de platine 1 25
Capsule d'argent, le gramme, 35 c. (façon en plus).
Creuset d'argent, id. id.
Papier à filtre, la rame. . . . . 16 »
Goniomètre d'Haüy. de. . . . . . . 25 à 40 »
— d'application avec étui. . . . . 35 »
— de Wollaston. . . . . 75 »
— de Ch. de Malus. . . . . 160 »
— de M. Babinet. . . . . 160 »
Aiguille électrique d'Haüy, avec support. 3 50
Pince à tourmaline. . . . . 6 »
Cristaux uni-axes et bi-axes, la douzaine. 40 »
Aiguille aimantée avec support, à 1 fr. 75 et 2 »
— — à chape d'agate, 6 et. . 8 »
Pointe-lime-cizelet, pour dégager les fossiles et les cristaux et servant de barreau aimanté . . . . 2 »
Barreau aimanté avec support. 2 50
Support à tourmaline pour l'électricité, développée par la chaleur. . . . 8 et 10 »
Tourmaline pour cette expérience (aiguille) 5 à. . . . . 10 »
Plaque en tourmaline. . . . . 3, 4, 6, et 50 »
Pince pour chauffer la tourmaline. . . . 6 »
Aiguille de Spath d'Islande, montée pour l'électricité développée par pression . . . . 12 et 15 »
Aiguille en spath. . . . . 1 et 2 »
Rhomboèdre, id. . . . . 5 et 6 »
Cube, id. . . . . 6 et 8 »
Plaque, id. hémitrope . . 4 et 5 »
Briquet ordinaire. . . . . » 50
Briquet de géologue. . . . . 2 »
Ciseau à froid. . . . . 1 fr. et 2 »
Lampe à alcool, en cuivre, et pouvant servir à l'huile. . . . . 2 fr. et 2 50
Griffes dorées à 2, 3 ou 4 branches pour support de cristaux, à. . . . . 1 »
Bissac pour courses géologiques. 1 fr. 50 et 2 »
Brucelles ordinaires ou pinces pour minéraux. . . . . » 50
Brucelles à lames de baleine pour fossiles et objets fragiles. 1 25

Mortier en agate à. . . 4, 5, 7 fr. et au-dessus.
Boussole de Géologue (forme de montre) à 6 et 7 f. et au dessus.
Diamants et grenats montés sur tige d'acier pour échelle de dureté pour graver et tailler le verre, lames et cristaux pour l'optique, à. . . . . . . 1 fr. et 2 »
Tubes en verre, fermés d'nn bout, à 5, 6 et 7 fr. le cent et au-dessus.
Boules à suspension, à. . . . 8 et 10 fr. le cent.
Verrerie pour anatomie et zoologie.

On se charge sur commande de la confection de tout objet en verre, terre, grès et porcelaine.

Cartons ou cuvettes de toutes dimensions pour collections de minéraux, roches, fossiles, coquilles.

Dimensions,	4 cent. sur 5,	3 f. le cent,	25 f. le mille
—	4 c. 1/2 6, 4	—	30 —
—	5 cent. sur 8, 5	—	40 —
—	7 — 9, 6	—	50 —

PALÉONTOLOGIE

Collection de 100 fossiles caractéristiques de tous les terrains à 25, 30 et. . . . . 35 »
Collection de 200 fossiles, *idem*, 60 et. . 70 »
— 500 fossiles, *idem*, 200 et. 250 »
Collection de 300 espèces du bassin tertiaire de Paris. . . . . 150 »
Collect. des bassins de Bordeaux. Dax. Mayence, Bruxelles, etc.
Collection de plantes houillères.
Collection de fossiles lacustres et terrestres du diluvium.

COLLECTION D'ÉCHINODERMES, FOSSILES.

Collection de 50 échantillons. . . . . 60 »
— 100 — . . . . . 150 »
— 150 — . . . . . 250 »

Les Collections fournies par la Maison A. ÉLOFFE, sont déterminées et cataloguées avec le plus grand soin, et revues par des professeurs de chaque spécialité.

OBSERVATIONS

Les collections sont rangées dans des boîtes en bois blanc à plusieurs cuvettes et garnies de jolis cartons fins, ce qui donne plus d'attrait et sert à les maintenir en bon ordre et dispense de tout autre meuble.

Les cartons, avec les boîtes et les cuvettes qui les contiennent coûtent 6 fr. par 100 échantillons, pour le petit format; 7 fr. pour le format moyen, et 9 fr. pour le grand format.

On n'est pas tenu de prendre ni boîte, ni cartons, et on ne les expédie que s'ils sont expressément demandés.

L'emballage se paye en sus, par 100 échantillons :

Petit format, 75 c. — Moyen format, 1 fr. 60. — Grand format, 2 fr. 50.

MODÈLES ET REPRODUCTIONS EN PLATRE

Collection d'animaux antédiluviens (reproduction) reconstitués par CUVIER.

Une lacune immense existe dans presque tous les Musées et Cabinets d'histoire naturelle des lycées, Colléges, séminaires et grandes institutions. On n'a pu, jusqu'à ce jour, présenter au public ou aux élèves que des fragments des êtres qui existaient avant le déluge; et par là, il est impossible de fixer les idées sur des noms souvent trop vagues. Cette collection, d'un haut intérêt et dont un grand nombre de musées et institutions ont déjà fait l'acquisition, comblera cette lacune regrettable.

En dehors du point de vue scientifique, cette collection est encore l'ornement le plus beau, le plus utile dont un établissement public ou privé puisse faire acquisition pour enrichir sa collection. Désirant que le plus petit musée ait sa collection d'animaux antédiluviens, nous venons d'en réduire le prix; de plus, nous offrons à MM. les Directeurs des musées ou autres établissements publics, un crédit d'*un an*.

Cette collection de sept plâtres bronzés représente neuf espèce d'animaux perdus et qui sont :

La réduction est de 0m 025 par 0m30.

Le Glyptodon Clavipes (OWEN). . .	25f au	l. de	30
Le Schistopleurum typus (L. NODOT).	25	—	30
Le Pterodactylus crassirostris (CUVIER)	12	—	15
Le Labyrinthodon . . . . . . id.	12	—	15
L'Iguanodon. . . . . id.	20	—	25
Le Megalosaurus. . . . . . . id.	20	—	25
Le Plesiosaurus macrocephalus, id. / Le Plesiosaurus dolichodeirus, id. / L'Ichthyosaurus longirostris, id.	25	—	30
La collection.	139f	—	170

Ces trois dernières pièces se trouvent sur le même socle et forment groupe.

Tête d'Ichthyosaure en relief (reproduction), 0m. 62 de long., 0m 31 de haut . . . . . 15 »

Fragment d'un morceau de la carapace du Glyptodon clavipes (moulage fait sur nature). 2 »

Id. id. de la queue du Glyptodon. . 2 »

Collection de Trilobites (reproduction) à 50 c. et 1 fr.

Toutes ces pièces sont bronzées ou peintes de la couleur de l'étage auquel elles appartiennent; l'exécution de ce travail ne laisse rien à désirer.

(*Modèles déposés selon la loi.*)

En cours d'exécution : le MEGATHERIUM, le MYLODON ROBUSTUS.

CABINETS D'HISTOIRE NATURELLE

Mis en rapport avec le nouveau programme des cours de l'Université, *de* **150** *et* **300** fr. PAYABLES PAR TRIMESTRE.

Ces petits musées classiques, bien que réduits à leurs plus simples expressions, offrent les types de la plus grande partie des êtres organisés; ils sont ainsi composés :

CABINET DE 150 FR.

Pour la ZOOLOGIE : 4 mammifères, 10 oiseaux répartis dans les différents ordres, 6 reptiles et poissons, 5 crustacés et arachnides, 25 insectes, 25 molusques marins, fluviatiles et terrestres, 6 rayonnés et zoophytes.

Pour la BOTANIQUES : 50 plantes (dicotylédonés, monocotylédonés et acotylédonés) avec des détails précis des propriétés de chacune de ces plantes.

Pour la GÉOLOGIE : 50 roches de tous les terrains, et le beau tableau géologique gravé sur acier, de MM. Ch. d'Orbigny et Gente.

Pour la MINÉRALOGIE : 50 minéraux, dont les principaux employés dans la métallurgie, les combustibles, les arts céramiques, la grosse et la petite bijouterie, etc.

PRODUITS ORGANIQUES : 30 produits, contenus dans des flacons à étiquettes de papier, comprenant des graines, écorces, fleurs, fruits, gommes, résines, etc.

Ensemble 212 ÉCHANTILLONS, plus les boîtes, les cartons, les tubes et flacons, la caisse et l'emballage, etc.

CABINET DE 300 FR.

Pour la ZOOLOGIE : 6 mammifères, 15 oiseaux répartis dans tous les ordres, 8 reptiles et poissons, 8 crustacés et arachnides, 50 insectes, 50 mollusques marins, fluviatiles et terrestres, 8 rayonnées et zoophytes.

Pour la BOTANIQUE : 100 plantes (dicotylédonés, monocotylédonés et acotylédonés), et le tableau synoptique du règne végétal, par Richard, et contenant des détails précis des propriétés de chacune de ces plantes.

Pour la GÉOLOGIE : 100 roches de tous les terrains, classées dans l'ordre de leur superposition, 100 *fossiles* de chacun de ces terrains, et le beau Tableau gravé sur acier, représentant, par ordre chronologique, les terrains stratifiés et les principaux fossiles qui les caractérisent par MM. Ch. d'Orbigny et Gente.

Pour la MINÉRALOGIE : 50 minéraux, dont les principaux employés pour la métallurgie, les combustibles, les arts céramiques, la grosse et la petite bijouterie, etc.

PRODUITS ORGANIQUES : 50 ÉCHANTILLONS, contenus dans des flacons à étiquettes de papier, comprenant des graines, écorces, fleurs, fruits, baumes, gommes, résines, etc.

Ensemble 496 ÉCHANTILLONS, plus les boîtes, les cartons, les tubes et flacons, etc., les caisses et l'emballage; le prix sera payable moitié dans les 30 jours de l'expédition, et moitié à 3 mois; ce même cabinet en 1er **Choix, 350** francs.

Nous donnons dans le tableau qui suit la composition de nos grands cabinets d'Histoire naturelle : le cabinet de 1,000 fr. peut remplir une salle entière, il comprend 1,775 pièces; celui de 2,000 fr. est en grand format 1er choix, il se compose de 2,450 pièces, notre musée de 5,000 fr. peut faire honneur aux plus grands établissements, et celui de 9,000 peut rivaliser avec bien des musées publics.

Chaque pièce porte un numéro qui correspond à un catalogue général, toutes sont parfaitements nommées et classées avec le plus grand soin.

CABINETS COMPLETS D'HISTOIRE NATURELLE

	CABINET		MUSÉE	
	1,000 f. format moyen	2,000 f. gr. for. 1er ch.	5,000 f. gr. for. 1er ch.	9,000 fr. gr. for. 1er ch.
	N. d'éch.	N. d'éch.	N. d'éch.	N. d'éch.
ZOOLOGIE. Mammifères	6	12	20	25
— Oiseaux	35	70	140	190
— Reptiles	6	10	15	25
— Poissons	8	15	25	30
— Arachnides et crustac.	12	28	38	48
— Insectes de tous les ordres	225	325	525	725
— Mollusques	200	300	500	800
— Rayonnés et zoophites	15	28	38	55
— Squelettes	»	3	6	10
BOTANIQUE. Plantes dicot. monocot. et acotyl.	350	450	1,850	3,350
— Tableau du règne végétal	1	1	1	1
GÉOLOGIE ET MINÉRAL. Minéraux	350	450	650	850
— Modèles de cristaux dans une boîte à dessus de verre	26	26	85	120
— Roches de tous les terrains	300	400	500	600
— Tableau de l'écorce terrestre par Charles d'Orbigny	1	2	2	2
— Fossiles caractéristiques	200	230	350	600
— Grandes pièces pour démonstrat. théoriques	»	10	20	25
— Produits organiques	40	80	150	200
Total des échantillons	1,775	2,450	4,914	7.776
Caisse et emballage, simple	70 f.	110 f.	210 f.	325 f.

EN VENTE CHEZ A. ELOFFE :

Traité de Minéralogie, par DUFRENOY, 4 vol., avec un atlas. 48 »

Dictionnaire de Minéralogie, par LANDRIN, 1 vol. in-8°. 5 »

Cours de Minéralogie, par G. DELAFOSSE, 3 vol. in-8, avec un atlas. 30 »

Manuel de Minéralogie, par BRARD. — Excellent Manuel épuisé. Par occasion. 6 »

Géologie appliquée, ou Traité de la Recherche et de l'Exploitation des *Minéraux utiles*, par A. BURAT, ingénieur et professeur d'exploitation des mines à l'École centrale des arts et manufactures, etc., etc., épuisé. Par occasion. 15 »

Minéralogie appliquée, description des minéraux employés dans les industries métallurgiques et manufacturières, dans les constructions et dans l'ornement, par A. BURAT, ingénieur-professeur à l'École centrale des arts et manufactures, 1 vol. in-8, avec figures intercalées dans le texte. 10 »

Principes de géologie, par LYELL, 4 vol. in-12, avec figures. 30 »

Le Monde primitif à ses différentes époques de formation, par NUGER, 16 gravures avec texte explicatif. 86 »

Recherches sur les ossements fossiles du département de Puy-de-Dôme, par l'abbé CROIZET et JOBERT aîné, 1 vol. grand in-4°, 55 planches. 6 »

Les Édentés fossiles, Glyptodon et Schistopleurum, par A. ELOFFE, brochure in-8, avec 2 grav. » 50

Prodromes de paléontologie, par Alcide D'ORBIGNY, 3 vol. in-8. 12

Paléontologie française, par Alcide D'ORBIGNY, comprenant : pour le *Terrain crétacé*, 6 vol. et 1018 planches, cartonnés. 325 »
Pour le *Terrain jurassique*, 2 vol. et 432 planches, cartonnés. 140 »

Traité de paléontologie, par PICTET, 4 forts vol. in-8°, avec atlas de 110 vol. in-4°. 80 »

Minéralogie usuelle, exposition succincte et méthodique des minéraux, par M. DRAPIEZ, 1 vol. in-8 de 500 pages. 3 »

Précis de cristallographie, avec méthode d'analyse au chalumeau, par LAURENT, 1 vol. in-12 avec figures. 1 60

De l'emploi du Chalumeau, par BERZÉLIUS, 1 vol. in-12, avec planche. 6 50

Traité pratique du naturaliste préparateur, par A. ELOFFE, naturaliste et membre de plusieurs sociétés savantes, ouvrage couronné par la Société des Arts, Sciences et Belles-lettres de Paris, et honoré de la souscription de Son Exc. le Ministre de l'Agriculture, 1 joli vol. in-18 raisin avec fig. 2 »

Causeries d'un naturaliste, par Aristide DUPUIS, professeur d'histoire naturelle, 1 vol. in-18 de 216 pages avec 15 gravures. 1 50

Le Règne animal de CUVIER, 5 vol. in-18. 36 »

Histoire naturelle des mollusques, terrestres et fluviatiles de France, par MOQUIN-TANDON, 2 vol. grand in-8, avec un atlas de 54 pl. en noir. 42 »
En couleur. 66 »

Catalogue des Oscabrions de la Méditerranee, suivi de la description de quelques espèces nouvelles, par J. CAPELLINI, br. in-8, avec pl. 1 »

Leçons de conchyliologie, par CHENU, 1 vol. grand in-8, avec fig. dans le texte. 5 »

Le chasseur d'Insectes, par A. PERRO, auteur du planisphère zoologique, 1 joli vol. in-8° raisin, orné de 45 figures explicatives. Cartonné. 1 25

Les Papillons, Manuel de l'amateur de lépidoptères, par A. DUPUIS, 1 beau vol. in-18 jésus, avec 87 fig. coloriées. 6 »

Traité pratique de l'éducation des Abeilles, par J. François ROUX, in-18. 2 »

Histoire naturelle des Aranéides, par Eugène SIMON. 1 beau vol. in-18 raisin avec figures. 7 »

Une expédition helminthologique, par Eugène SIMON, brochure in-8. » 50

Leçons élémentaires de botanique, par LE MAOUT, 1 vol. avec atlas de 50 pl. en noir. 10 »
Colorié. 16 »

Cours élémentaire de botanique, par JUSSIEU, 1 vol. avec fig. 6 »

Flore des environs de Paris, par COSSON et GERMAIN, avec tableau et carte des environs de Paris, 1 fort vol. in-8. 15 »

Cours de botanique générale, en deux parties, 1 vol. in-8, avec planches, par J. SCHILLER. 2 »

Le Jardinier-Fruitier, étude sur les bons fruits, par Eug. FORNEY, 1 vol. in-8, avec 335 fig. 4 »

La taille du rosier, sa culture, ses belles variétés, par E. FORNEY. — 1 beau vol. de 208 pages. 2 »

Migration des végétaux, par A. DUPUIS, brochure in-8. » 60

L'Œillet, son Histoire et sa culture, par Aristide DUPUIS, professeur d'histoire naturelle, membre de plusieurs sociétes savantes, 1 vol. in-18 raisin. 1 »
(Ouvrage honoré de la souscription de Son Exc. le Ministre de l'agriculture, et couronné par l'Athénée des sciences, belles-lettres et arts de Paris.)

L'Ortie, ses propriétés alimentaires, médicales, agricoles et industrielles, par A. ELOFFE, brochure in-18 raisin. » 50

L'art de préparer les plantes terrestres, d'eau douce et marines, avec leurs couleurs naturelles pour en former des herbiers et albums pour l'étude, par

A. Éloffe. Brochure in-18 raisin avec figures (2e édition). 1 »

Iconographie des Champignons, par Paulet, 1 vol. in-folio, avec 217 planches coloriées. 170 »

Histoire des Champignons vénéneux et comestibles, par J. Roques, 1 vol., avec 24 planches coloriées. 16 »

L'Etudiant micrographe, Traité pratique du microscope, de la préparation, conservation et dissection des objets microscopiques, par Arthur Chevalier, 1 joli vol. in-18 jésus de 564 pages. Ouvrage orné de planches représentant 300 infusoires, de 200 figures dans le texte. 2e édition. 7 50

Petit Lavater français, avec 15 portraits de personnages célèbres, par Al. David. 1 »

Cours de physique *purement expérimentale et sans mathématiques*, par Ganot, à l'usage des personnes qui n'ont besoin d'acquérir que des connaissances élémentaires dans la science physique, 2e édition, ornée de 333 magnifiques vignettes intercalées dans le texte. 5 50

— *Du même auteur*, **Traité de physique expérimentale et appliquée et de météorologie**, avec 685 belles gravures intercalées dans le texte, vol. de 870 pages, 11e édition. 7 »

Tableau synoptique des terrains et des principales couches minérales qui constituent le sol du bassin parisien, avec indication des fossiles caractéristiques et des roches utiles aux arts et à l'agriculture, par M. Charles D'Orbigny. — Une grande feuille coloriée. 3 »

— Collé sur toile, avec étui. 5 »

Coupe figurative de la structure de l'écorce terrestre et classification des terrains, d'après la méthode de M. Cordier, professeur de géologie au Muséum d'histoire naturelle de Paris, avec indications et figures des principaux fossiles caractéristiques, des divers étages géologiques, par MM. Ch. D'Orbigny et Ch. Léger. — Très-grand et magnifique tableau colorié. 6 »

Carte géologique du plateau tertiaire parisien, par M. Raulin. Collé sur toile, avec étui. 12

Merveilles de la nature tableau pittoresque des grottes, volcans, chutes d'eau, mirages, etc., par Perrot, ingénieur. Noir, 1 fr. Colorié. 2 75

Tableau chronologique des divers terrains ou systèmes de couches minérales stratifiées, qui constituent la partie connue de l'écorce terrestre, présentant d'une manière synoptique les principaux êtres organisés qui ont vécu aux diverses époques géologiques et indiquant l'âge relatif des différents systèmes de soulèvements de montagnes, établi par M. Élie de Beaumont, par Ch. D'Orbigny et Gente. Colorié. 2 »

Le collectionneur d'Insectes, tableau colorié représentant 200 individus des diverses familles. 3 50

Le collectionneur de Papillons, tableau colorié représentant 102 lépidoptères divers. 3 50

Éléments de botanique, tableau synoptique en chromolithographie, classification de JUSSIEU. 3 50

Animaux et Végétaux existants avant le déluge. Tableau dessiné d'après les végétaux et les fossiles des divers cabinets de l'Europe. 2 »

Champignons. — COMESTIBLES, SUSPECTS, VÉNÉNEUX. Nouveau tableau en chromolithographie représentant 126 sortes de champignons. 3 50

Greffe et de la taille des arbres fruitiers. Tableau présentant les instruments nécessaires, les diverses espèces de tailles, greffes, boutures, marcottes, conduite des arbres, etc. 2 75

Agriculture et d'instruments aratoires (Tableau d'), avec notice sur les instruments, présentée d'une manière comparative et synoptique. 2 75

Drainage et irrigation. Tableau dressé par M. Barral, ancien élève et répétiteur de l'Ecole polytechnique, directeur du journal *l'Agriculture pratique.* 2 75

Chimie (tableau synoptique des principaux instruments de), à l'usages des personnes qui n'ont pas de laboratoire. 2 75

Histoire du calendrier, contenant tout ce qui a rapport à l'heure, au jour, à la semaine, au mois, à l'année; la définition des termes, Ere, Epacte, nombre d'Or, cycle solaire, lettre dominicale, calendrier perpétuel, avec fig., par G. BRESSON. 1 50

Conseils d'hygiène et de médecine usuelle, par le Dr P. ROBERT. 1 25

La science pour tous, journal hebdomadaire illustrée (10e année), tient au courant de tout ce qui se produit de nouveau dans les sciences et dans l'industrie.
— Paris, un an, 5 fr. — Départements. 6 »
— Chaque année parue, brochée. 5 »

Pour paraître très-prochainement :

Histoire naturelle des mollusques des environs de Paris. Anatomie, physiologie et descriptions des espèces.

Histoire naturelle des cornes. Définition, composition, formes, extension de la dénomination de cornes, cornes contre nature chez les animaux et chez l'homme, sabots, emploi des cornes dans l'industrie et l'agriculture.

AVIS IMPORTANT

Dans le but d'étendre notre clientèle, nous nous chargeons de la fourniture de toute espèce de collections de produits industriels, livres, cartes, instruments, etc., et en général de l'achat de tous objets qui ont rapport soit à l'enseignement, soit à l'application de la chimie, de la physique, de l'histoire naturelle, etc., etc.; *nous accorderons la remise même du fabricant, marchand ou libraire, à toutes les personnes qui feront quelques achats dans notre magasin*, par ce moyen, les objets ou pièces d'histoire naturelle achetés dans notre maison se trouveront payés par la remise du fabricant ou libraire.

Les caisses et l'emballage sont comptés en sus du prix des collections, et aux conditions les plus avantageuses pour les clients.

Tous les emballages sont faits au moyen de tasseaux, de vis et sangles, et si soigneusement, que les pièces les plus fragiles supportent les plus longs voyages sans crainte d'avaries.

On expédie par grande vitesse à moins d'avis contraire.

La maison n'a jamais eu et n'a pas de commis-voyageurs NI DE DÉPÔT.

Les commandes doivent être adressées directement à M. ARTHUR ÉLOFFE, naturaliste préparateur, rue de l'École-de-Médecine, n° **20**, à Paris. C'est le moyen d'être bien et promptement servi.

Toutes commandes au-dessous de 25 fr. doivent être accompagnées d'un mandat sur la poste, ou sur une maison de Paris.

Les lettres non affranchies sont rigoureusement refusées.

Commission pour la librairie, et abonnements à tous les journaux.

Achat de collections, échanges, réparations et entretiens de tous objets et pièces d'histoire naturelle.

NOTA. — Le Catalogue général est envoyé franco, contre lettre affranchie.

PARIS. — IMP. V. GOUPY ET Cᵉ, RUE GARANCIÈRE, 5.

www.ingramcontent.com/pod-product-compliance
Ingram Content Group UK Ltd.
Pitfield, Milton Keynes, MK11 3LW, UK
UKHW022122260726
13993UKWH00003B/1169

9 782329 289434